Sagar Shah
Jinesh Shah
Nikunj Patel

Efeito de vários tipos de filtros no processo de fundição

Sagar Shah
Jinesh Shah
Nikunj Patel

Efeito de vários tipos de filtros no processo de fundição

ScienciaScripts

Imprint

Any brand names and product names mentioned in this book are subject to trademark, brand or patent protection and are trademarks or registered trademarks of their respective holders. The use of brand names, product names, common names, trade names, product descriptions etc. even without a particular marking in this work is in no way to be construed to mean that such names may be regarded as unrestricted in respect of trademark and brand protection legislation and could thus be used by anyone.

Cover image: www.ingimage.com

This book is a translation from the original published under ISBN 978-3-659-83071-6.

Publisher:
Sciencia Scripts
is a trademark of
Dodo Books Indian Ocean Ltd. and OmniScriptum S.R.L publishing group

120 High Road, East Finchley, London, N2 9ED, United Kingdom
Str. Armeneasca 28/1, office 1, Chisinau MD-2012, Republic of Moldova, Europe
Printed at: see last page
ISBN: 978-620-8-23982-4

Índice:

EFEITO DE VÁRIOS TIPOS DE FILTROS NO PROCESSO DE FUNDIÇÃO

PREFÁCIO

Atualmente, os requisitos de qualidade das peças fundidas de secção pesada estão a aumentar muito rapidamente. Por esse motivo, as fundições começaram a utilizar filtros cerâmicos de peças fundidas de secção pesada há cerca de 10 anos. Este livro dá uma breve visão geral sobre alguns erros críticos que podem ocorrer quando as fundições utilizam filtros cerâmicos ou filtram tais peças fundidas pesadas. Devido ao grande peso e à grande quantidade de trabalho manual, os custos de rejeição interna são muito elevados, se uma peça fundida falhar devido a defeitos como escórias ou inclusões de areia. Além disso, devido aos elevados custos de transporte de peças tão pesadas, a rejeição externa também tem de ser evitada. Este livro não pode explicar muito pormenorizadamente, mas dá uma orientação para a conceção de sistemas de filtragem para peças fundidas de secção pesada. Este livro também mostra os perigos que surgem quando as fundições transferem as recomendações gerais de filtragem de peças fundidas para peças fundidas de secção pesada e mostra como podem ser evitados. Mostra também que o novo conhecimento dos mecanismos de filtragem pode ser usado para obter peças fundidas de alta qualidade sem defeitos.

CAPÍTULO - 1

INTRODUÇÃO

1.1 . INTRODUÇÃO À FUNDIÇÃO

O processo de fundição consiste em verter ou injetar metal fundido num molde que contém uma cavidade com a forma desejada para a peça fundida. Os processos de fundição de metal podem ser classificados quer pelo tipo de molde, quer pela pressão utilizada para encher o molde com metal líquido. O processo de fundição de metal começa com a criação de um molde. Esta é a forma inversa da peça de que necessitamos. O molde é feito de um material refratário, por exemplo, areia. O metal é aquecido num forno até derreter e o metal derretido é vertido na cavidade do molde. O líquido toma a forma da cavidade, que é a forma da peça. É arrefecido até solidificar. Por fim, a peça metálica solidificada é retirada do molde. Um grande número de componentes metálicos em desenhos que usamos todos os dias são feitos por fundição.

1.2 TIPOS DE FUNDIÇÃO

1.2.1 Fundição em areia

- O processo de fundição mais utilizado, representando uma maioria significativa da tonelagem total de peças fundidas
- Quase todas as ligas podem ser fundidas em areia, incluindo metais com temperaturas de fusão elevadas, como o aço, o níquel e o titânio
- As peças fundidas variam em tamanho, desde pequenas a muito grandes
- Quantidades de produção de um a milhões

1.2.2 Fundição de moldes cerâmicos

Semelhante à fundição em molde de gesso, exceto que é utilizado material cerâmico (por exemplo, sílica ou Zircão ZrSiO4 em pó). As cerâmicas são refractárias e têm também uma resistência superior à do gesso.

- A pasta cerâmica forma um invólucro sobre o padrão;
- É seco numa estufa a baixa temperatura e o padrão é removido
- Em seguida, é revestido com argila para ficar mais forte e cozido num forno a alta temperatura para queimar quaisquer substâncias voláteis.
- O metal é fundido da mesma forma que na fundição em gesso.

Este processo pode ser utilizado para fazer peças fundidas de muito boa qualidade em aço ou mesmo em aço inoxidável; é utilizado para peças como pás de impulsores (para turbinas, bombas ou rotores para barcos a motor).

1.2.3 Fundição por cera perdida

Este processo é antigo e tem sido utilizado desde a antiguidade para fabricar jóias, pelo que é de grande importância para a HK. Também é utilizado para fabricar outras peças pequenas (alguns gramas, embora possa ser utilizado para peças até alguns quilogramas). Uma vantagem deste processo é que a cera pode conter detalhes muito finos - por isso, o processo não só proporciona boas tolerâncias dimensionais, mas também um excelente acabamento de superfície; de facto, quase todas as texturas de superfície, bem como logótipos, etc.

1.2.4 Fundição em molde de gesso

O molde é feito misturando gesso de Paris (CaSO4) com talco e farinha de sílica; trata-se de um pó branco fino que, quando misturado com água, adquire uma consistência semelhante à da argila e pode ser moldado em torno do padrão. O molde de gesso pode ser acabado de modo a obter um acabamento superficial e uma precisão dimensional muito bons. Este método é utilizado principalmente para fazer peças fundidas de metais não ferrosos, por exemplo, zinco, cobre, alumínio e magnésio. Uma vez que o gesso tem uma condutividade térmica mais baixa, a peça fundida arrefece lentamente e, por conseguinte, tem uma estrutura de grão mais uniforme

1.2.5 Fundição injectada

A fundição injetada é um tipo muito comum de processo de fundição em molde permanente. É utilizada para a produção de muitos componentes de electrodomésticos (por exemplo, panelas de arroz, fogões, ventiladores, máquinas de lavar e secar roupa, frigoríficos), motores, brinquedos e ferramentas manuais - uma vez que o delta do rio das Pérolas é o maior fabricante deste tipo de produtos no mundo, esta técnica é muito utilizada. O acabamento da superfície e a tolerância das peças fundidas sob pressão são tão bons que quase não é necessário pós-processamento. Os moldes de fundição sob pressão são dispendiosos e requerem um tempo de execução significativo para serem fabricados; são normalmente designados por matrizes.

1.2.6 Fundição de moldes

O padrão utilizado neste processo é feito de poliestireno (este é o material de embalagem leve e branco que é utilizado para embalar produtos electrónicos dentro das caixas). A espuma de poliestireno tem 95% de bolhas de ar e o próprio material evapora-se quando o metal líquido é vertido sobre ela.

O próprio padrão é feito por moldagem - as esferas de poliestireno e o pentano são colocados dentro de um molde de alumínio e aquecidos; expande-se para encher o molde e toma a forma da cavidade. O molde é retirado e utilizado para o processo de fundição, como se segue: O processo é útil porque é muito barato e produz um bom acabamento superficial e uma geometria complexa. Não existem canais, risers, gating ou linhas de partição - assim o processo de design é simplificado. O processo é utilizado para fabricar cambotas para motores, blocos de motor em alumínio, colectores, etc.

1.3 DEFEITOS DE FUNDIÇÃO

- Porosidade

- Corrida a frio

- Retração

- Lavagem de areia

- Crack

- Abaulamento

- Metal extra

- Danos

- Dobra

- Dimensionalmente

- Acabamento da superfície

- Lesma

- Superfície rugosa

1.4 DEFEITO DE FUNDIÇÃO RELACIONADO COM A FILTRAGEM

- Porosidade

- Inclusão

- Escória

- Superfície rugosa

- Fivela/bulbo

1.4.1 Porosidade

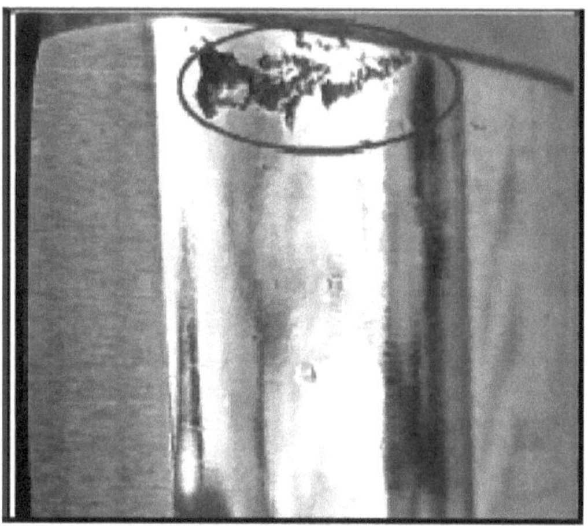

Fig.1.1

A porosidade da peça fundida pode ser distribuída no interior da peça fundida e na sua superfície. A porosidade da superfície aumenta a rugosidade da superfície, mas também pode ser um sinal de porosidade interna. A porosidade interna pode enfraquecer a peça fundida, pode causar descoloração se se espalhar para a superfície e, em casos extremos, pode levar a uma fuga.

1.4.2 Inclusão

Fig.1.2

As inclusões são quaisquer materiais estranhos presentes no metal fundido. Podem estar na forma de óxidos, escórias, sujidade, areia ou pregos. As fontes mais comuns destas inclusões são as impurezas do metal fundido, a areia e a sujidade do molde não devidamente limpas, a areia de rutura do molde, do núcleo ou do sistema de gaiola, o gás do metal e os elementos estranhos apanhados na cavidade do molde durante o manuseamento. As inclusões são reduzidas através da utilização de areia de moldagem de qualidade correta e de uma escumação adequada para remover as impurezas.

1.4.3 Escória

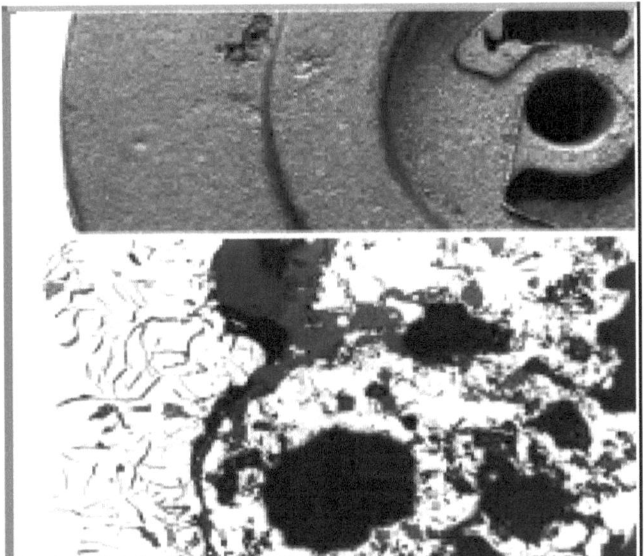
Fig.1.3

Outro tipo de inclusão, que me impressionou primeiro nos meus compactadores. Havia um grande pedaço, e hoje há um despojo que é fácil de reconhecer devido ao seu cheiro a enxofre e ao vazio ou ponto mole que deixa. Mais recentemente, cortei um portão que tinha uma espécie de vazio, não tenho a certeza se era escória ou gás, normalmente tem um aspeto escuro. A causa é a desidratação insuficiente no vazamento e o aprisionamento no molde.

1.4.4 Superfície rugosa

Fig.1.4

A aparência geral deste tipo de defeito pode ser descrita como metal positivo, variando em diâmetro de 0,005-0,015 e cobrindo toda ou parte da superfície da peça fundida, como ilustrado na figura 1.4. A superfície rugosa da peça fundida pode ser atribuída a uma vasta gama de inconsistências relacionadas com o casco. Várias delas são descritas de seguida.

Superfície instável semelhante a couro. Esta é tipicamente a segunda fase de um defeito de encurvadura, em que o pré-humedecido ou a lama retida na casca se infiltrou através das fendas e encheu a cavidade da casca

- Se a queima do forno ocorrer acima de 800c

- O metal pode estar sobreaquecido.

- Utilização de metal de má qualidade. Alguns metais reutilizados podem ter um elevado teor de óxidos e sulfuretos.

1.4.5 Fivela/abaulamento

Fig.1.5

Um encurvamento da casca é um movimento para dentro da casca. À medida que o metal preenche esta área, ocorre uma indentação na fundição. Um movimento para fora da casca é uma protuberância que leva a uma dimensão excessiva da fundição nas áreas protuberantes. O empeno ou abaulamento da casca são defeitos normalmente observados em superfícies planas longas de uma peça fundida. A rutura ou penetração do metal também pode estar associada à encurvadura.

- Temperatura de queima/derramamento demasiado elevada
- O carácter de refractariedade é insuficiente
- Dissipação de metal insuficiente

CAPÍTULO 2

FILTRAÇÃO

2.1 INTRODUÇÃO DO FILTRO

A filtração é atualmente uma parte integrante da tecnologia de fundição. Ela ajuda a obter peças fundidas de alta qualidade e, além disso, é fundamental na remoção de defeitos e dificuldades de produção. A filtração tem sido aplicada principalmente a ligas de fundição de baixa temperatura - especialmente a ligas de alumínio, e este método é também frequentemente utilizado para ferros fundidos dúcteis. O objetivo da filtração é capturar tanto as inclusões não metálicas que penetram no sistema de canais a partir da panela como as inclusões que surgem no decurso do vazamento. Esta "refinação" dos fundidos resulta numa maior homogeneidade do metal, melhores propriedades mecânicas, remoção de muitos defeitos metalúrgicos, melhoria das superfícies de fundição e (o que é por vezes surpreendente e muitas vezes não é totalmente apreciado) uma melhoria significativa da maquinabilidade. Muitas fundições utilizam a filtração para aumentar a qualidade da superfície e a maquinabilidade. No entanto, a filtração raramente é utilizada no aço. O principal obstáculo a uma maior exploração da filtração é principalmente a sua elevada temperatura de vazamento e outros problemas relacionados. No entanto, é possível observar um rápido progresso neste domínio. Os filtros são utilizados principalmente em moldes de areia, e a filtração desempenha um papel importante na fundição por cera perdida.

A aplicação de filtros trouxe algumas caraterísticas e alterações específicas à produção normalizada. Embora a gama de aplicação de filtros nas fundições seja relativamente elevada, podemos deparar-nos com muitos casos de posicionamento incorreto dos filtros e de erros no dimensionamento do sistema de gating. Por vezes, isto faz com que o efeito esperado não seja alcançado, e então afirma-se que a filtragem não tem sentido ou mesmo que são produzidos muitos defeitos/rejeitados que não foram observados previamente. É verdade que os princípios básicos da filtração devem ser respeitados e, de certa forma, deve ser assegurada uma observância mais rigorosa do processo tecnológico.

A aplicação de filtros implica custos adicionais. Este é um argumento utilizado pelos economistas das empresas, que só conseguem ver o atual aumento dos custos sem qualquer relação com a qualidade do produto, a redução dos custos de preparação, a economia global da produção e o aumento da competitividade. Se o efeito da filtragem for avaliado numa vasta gama do processo de produção e na melhoria da vendabilidade, pode dizer-se que o preço dos filtros é insignificante em comparação com o efeito obtido e que a filtragem é muito económica.

2.2 PORQUÊ A FILTRAGEM?

Para produzir um produto de alta qualidade, é necessário produzir uma peça fundida que tenha a forma e as dimensões prescritas, sem quaisquer defeitos externos/internos, incluindo todas as propriedades mecânicas, tecnológicas, estruturais e outras necessárias. Um certo número de propriedades está relacionado com a presença de partículas estranhas na peça fundida. A pureza do metal é, portanto, um critério significativo de qualidade. Em termos práticos, isto significa que na peça fundida não devem existir partículas metálicas ou não metálicas estranhas que tenham penetrado aqui com o metal fundido da panela ou que se tenham formado durante o vazamento ou que estejam presentes na cavidade do molde, por exemplo, devido a uma limpeza negligente do molde. Geralmente, estas partículas estranhas são designadas por inclusões. De acordo com a sua composição, as inclusões dividem-se em dois grupos - inclusões metálicas e inclusões não metálicas. As inclusões não metálicas são encontradas nas peças fundidas com muito mais frequência e o seu efeito é mais prejudicial do que o das inclusões metálicas.

As primeiras tentativas para reduzir a quantidade de inclusões nas peças fundidas foram efectuadas há muito tempo - esta ideia é tão antiga como o próprio trabalho de fundição. Ao longo dos séculos, os fundidores tentaram produzir peças fundidas de maior pureza, com uma superfície de melhor qualidade e melhores propriedades. Uma abordagem sistemática ao projeto e dimensionamento de sistemas de canais surgiu nos anos 30, quando os princípios de fluxo e a experiência empírica começaram a ser aplicados. A eficiência da captura de inclusões foi um dos pontos de vista importantes na conceção dos sistemas de canais. A separação das inclusões foi conseguida principalmente através da sua captura em secções especiais do sistema de comportas - ou seja, armadilhas de escórias - principalmente com base no princípio das diferentes densidades do metal e da inclusão. Este princípio pode ser utilizado principalmente para ligas de ferro em que as inclusões têm densidades significativamente inferiores às do metal. Por outro lado, o mecanismo não pode ser utilizado com ligas que têm densidades semelhantes às das inclusões, por exemplo, ligas de alumínio, onde devem ser utilizados outros princípios. Por exemplo, é utilizado o facto de as inclusões no sistema de canais ficarem presas às paredes do molde. As corrediças planas capturam assim muito bem as inclusões, em particular as películas de óxido. No entanto, a eficiência destes métodos de separação é limitada.

O termo filtração refere-se à separação de inclusões presentes no metal. O filtro pode ser utilizado, por exemplo, durante a transferência do metal do forno de fusão para o forno de espera, e pode ser posicionado como uma divisória entre o reservatório de metal fundido e a saída do forno, mas o filtro é mais frequentemente inserido no sistema de comportas de cada molde. Deve notar-se que o filtro é capaz de capturar apenas as partículas que já estão presentes no metal durante a sua passagem através do filtro, mas outras partículas podem aparecer durante o fluxo de metal entre o filtro e a cavidade do molde, ou durante a solidificação. Do ponto de vista da eficácia, é vantajoso filtrar o mais próximo possível da cavidade do molde.

No sistema de comportas, o filtro complementa ou mesmo substitui os elementos cuja função era captar as partículas de escória. Substitui a função de escumadeiras centrífugas, escorredores de escória em dente de serra ou outras ferramentas que são utilizadas para este fim. Desta forma, o sistema de comportas pode ser simplificado, e algumas partes podem mesmo ser completamente removidas. Este método conduz frequentemente a uma melhor utilização do plano de separação do molde, a uma economia de metal fundido e a uma redução do fettling.

Os filtros instalados no sistema de comportas podem ser utilizados para uma intervenção metalúrgica na qualidade do metal. Assim, no caso do ferro fundido, a inoculação passou recentemente a ser muito utilizada, em que os corpos de inoculação são colocados nos filtros ou os inoculantes são aplicados nas cerâmicas dos filtros. Em comparação com a inoculação in-ladle, este método permite reduzir significativamente a quantidade de inoculantes.

CAPÍTULO -3

FILTROS

3.1   TIPOS DE FILTROS

3.1.1 Filtros de gravidade

1.   Filtros rápidos de areia

2.   Filtros de alta taxa
3.1.2 Filtros de pressão
Areia ou multimédia

3.1.3   Filtro de areia rápido

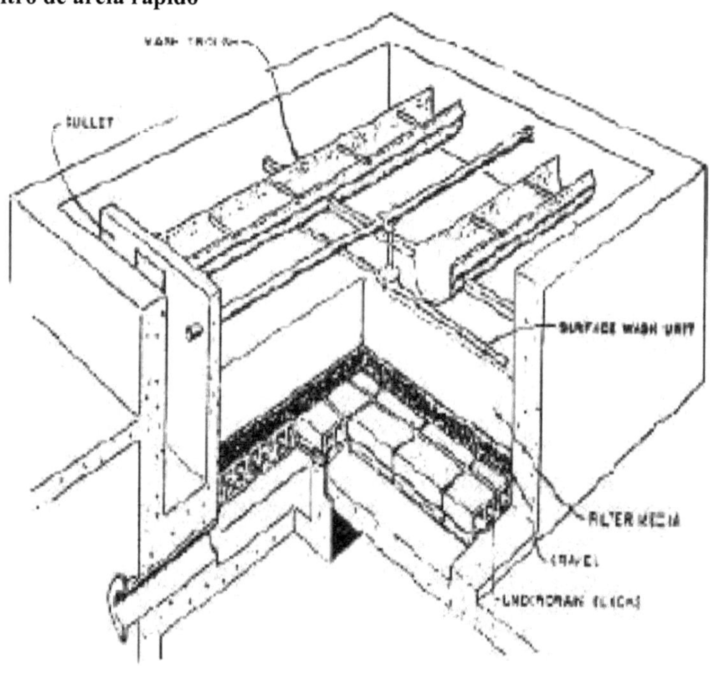

Fig 3.1 Filtro rápido de areia

Os filtros rápidos de areia podem filtrar a uma taxa 40 vezes superior à dos filtros lentos de areia. As partes principais de um filtro rápido de areia são:

* Tanque de filtração ou caixa de filtração Areia de filtração ou meios mistos

* Cama de suporte de cascalho sob o dreno

Sistema Calhas de água de lavagem Agitadores do leito filtrante O tanque de filtração é geralmente construído em betão e é, na maioria das vezes, retangular. Nas grandes instalações, os filtros são normalmente construídos lado a lado, em fila, permitindo que a tubagem das bacias de sedimentação alimente os filtros a partir de uma galeria de tubos central. Algumas instalações mais pequenas são concebidas com os filtros formando um quadrado de quatro filtros com uma galeria de tubagem central que alimenta os filtros a partir de um poço central.

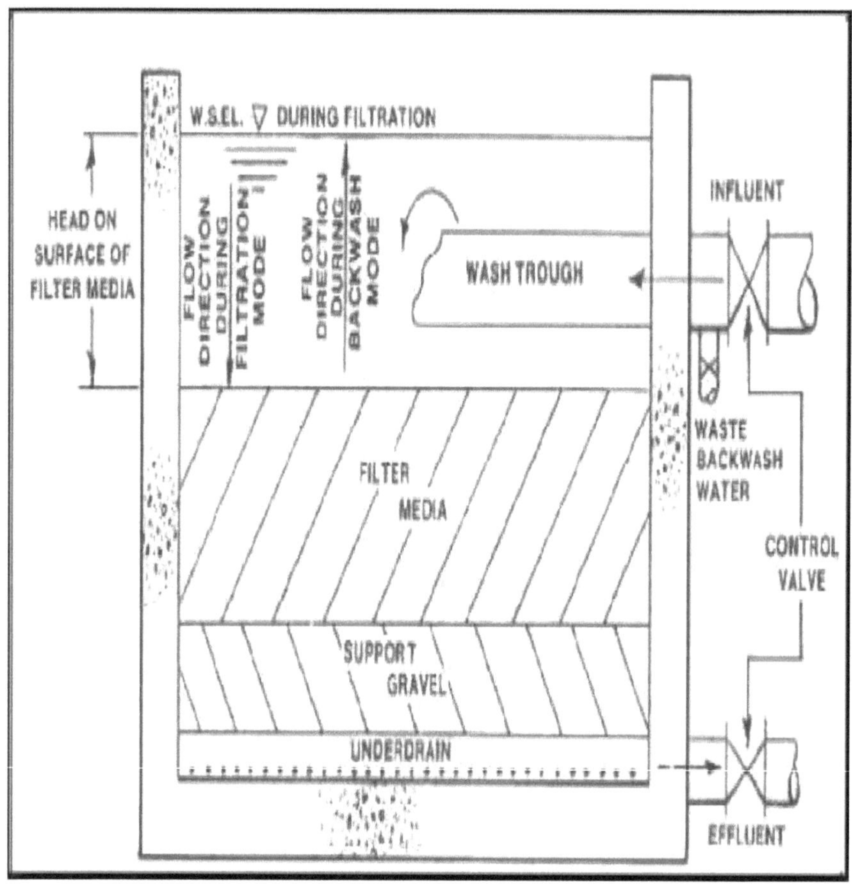

Fig 3.2 Módulo de filtragem por gravidade

3.1.4 Filtro de alta velocidade

Os filtros de alta velocidade, que funcionam a uma velocidade três a quatro vezes superior à dos filtros rápidos de areia, utilizam uma combinação de diferentes meios filtrantes e não apenas areia. As combinações variam consoante a aplicação, mas geralmente são areia e carvão antracite. Os filtros multimédia ou de meios mistos utilizam três ou quatro materiais diferentes, geralmente areia, carvão antracite e granada.

Nos filtros rápidos de areia, os grãos de areia mais finos encontram-se no topo da camada de areia e os grãos maiores mais abaixo no filtro. Como resultado, o filtro remove mais material em suspensão nos primeiros centímetros do filtro. No filtro de alta velocidade, o tamanho do meio diminui. As camadas superiores são constituídas por um material grosseiro com o material mais fino mais abaixo, permitindo que o material em suspensão penetre mais profundamente no filtro.

O material num leito filtrante forma camadas no filtro, dependendo do seu peso e gravidades específicas. Na camada grossa no topo, as partículas suspensas maiores são removidas primeiro, seguidas pelos materiais mais finos. Isto permite filtragens mais longas a taxas mais elevadas do que é possível com filtros rápidos de areia.

O tipo de meio filtrante utilizado num filtro de alta velocidade depende de muitos factores, incluindo a qualidade da água bruta, as variações da água bruta e o tratamento químico utilizado. Os estudos-piloto ajudam o operador a avaliar qual o material, ou combinação de materiais, que dará o melhor resultado.

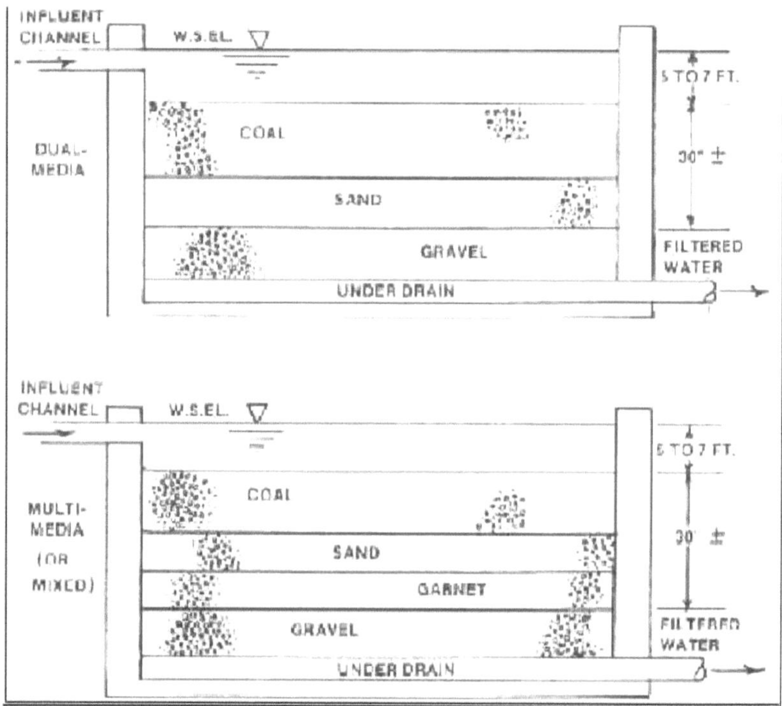

Fig 3.3 Filtro de alta taxa

3.1.5 Filtros de areia de pressão

Os filtros de pressão dividem-se em duas categorias:

- Areia de pressão
- Filtros de diatomite

Este tipo de filtro é amplamente utilizado em instalações de remoção de ferro e manganês.

Um filtro de areia de pressão está contido sob pressão num tanque de aço, que pode ser vertical ou horizontal, dependendo do espaço disponível. Tal como acontece com os filtros de gravidade, o meio é geralmente areia ou uma combinação de meios. As taxas de filtragem são semelhantes às dos por gravidade. Estes filtros são normalmente utilizados para a remoção de ferro e manganês das águas subterrâneas, que são primeiro arejadas para oxidar o ferro ou o manganês presentes e depois bombeadas através do filtro para remover o material em suspensão.

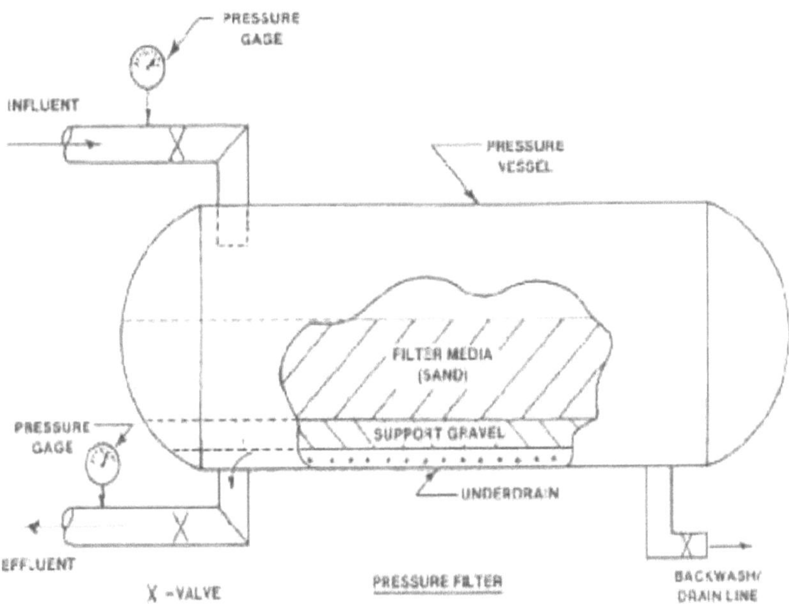

Fig 3.4 Filtro de areia de pressão

3.2 MECANISMO DE FILTRAÇÃO

A formação do bolo de filtração segue-se à captura das primeiras inclusões na face do filtro - as partículas mais pequenas são capturadas pelas grandes. A camada de inclusão aumenta gradualmente, reduzindo o fluxo de metal até o filtro ficar completamente obstruído. O mecanismo de formação do bolo filtrante permite capturar até inclusões muito pequenas, com dimensões tão pequenas como 1-5 gm.

De um modo geral, existem três mecanismos de filtragem:

1.   Filtração por estiramento

2.   Formação de bolo de filtração

3.   Filtragem de profundidade

3.1.1 Filtração por estiramento

A filtração por deformação consiste na captura de inclusões que são maiores do que os orifícios na parte da frente (ou seja, na entrada) do filtro. Este é o mesmo mecanismo que no caso dos núcleos de filtro, no entanto, este método só pode capturar partículas grandes, em particular inclusões que formam películas.

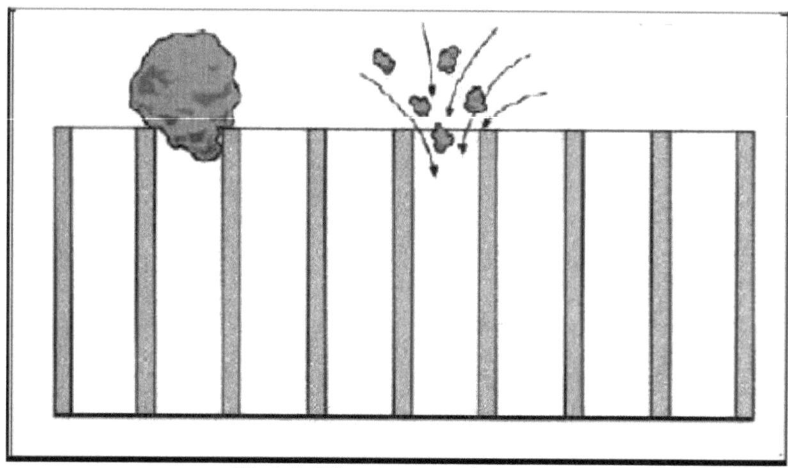

Fig.3.5: Filtração por estiramento

3.2.2 Formação de bolo de filtração

A formação do bolo de filtrâo segue-se à captura das primeiras inclusões na face do filtro - as partículas mais pequenas são capturadas pelas grandes. A camada de inclusões aumenta gradualmente, reduzindo o fluxo de metal até o filtro ficar completamente obstruído. O mecanismo de formação do bolo filtrante permite capturar até inclusões muito pequenas, com dimensões tão pequenas como 1-5 gm.

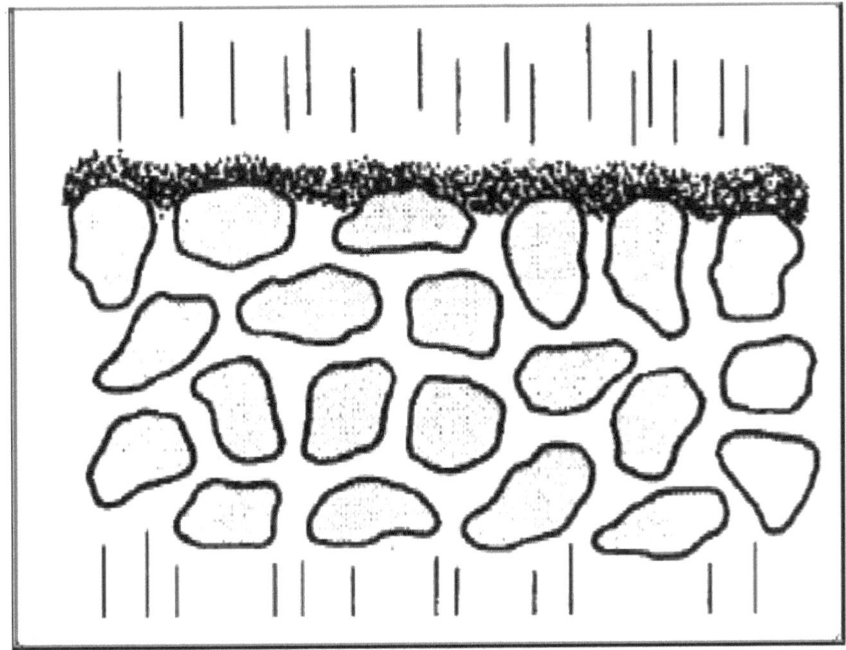

Fig 3.6 Formação do bolo de filtração

3.2.3 Filtragem de profundidade

Filtração em profundidade - é efectuada em todo o volume do filtro. O seu princípio baseia-se na adesão de inclusões (bonding) nas paredes cerâmicas do filtro - ver Fig. 7 - e na ligação mútua de inclusões individuais. Durante a filtração em profundidade, as inclusões envolvem a cerâmica do filtro e as partículas individuais das inclusões aglomeram-se com os seus bordos e ancoram-se nos canais do filtro. A eficiência da filtração em profundidade pode ser afetada pela composição química do material filtrante e das inclusões e pela forma dos canais de filtração.

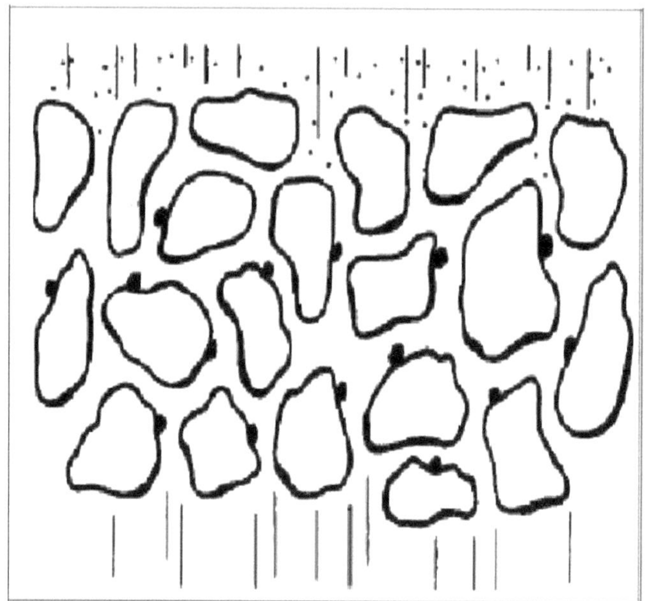

Fig.3.7: Filtração em profundidade

CAPÍTULO-4

SISTEMA DE PORTÕES

4.1 CONCEPÇÃO DE UM SISTEMA DE PORTAS

Existem várias possibilidades de posicionamento do filtro no sistema de comportas. Em princípio, podem ser divididas em dois grupos: Vazamento direto - o filtro está na posição horizontal de modo a que o fluxo de metal incida diretamente sobre o filtro (Fig.4.1). Este método é utilizado para o posicionamento de filtros no copo de vazamento ou em moldes com plano de separação vertical. O posicionamento do filtro no plano de separação abaixo do jito é utilizado na prática com muita frequência, mas existe o perigo de rutura do filtro devido ao impacto dinâmico do metal. O perigo de rutura existe particularmente quando o jito é muito alto ou quando se verte de uma panela com saída inferior. Se for utilizado o vazamento direto, só pode ser utilizado 1 filtro num molde.

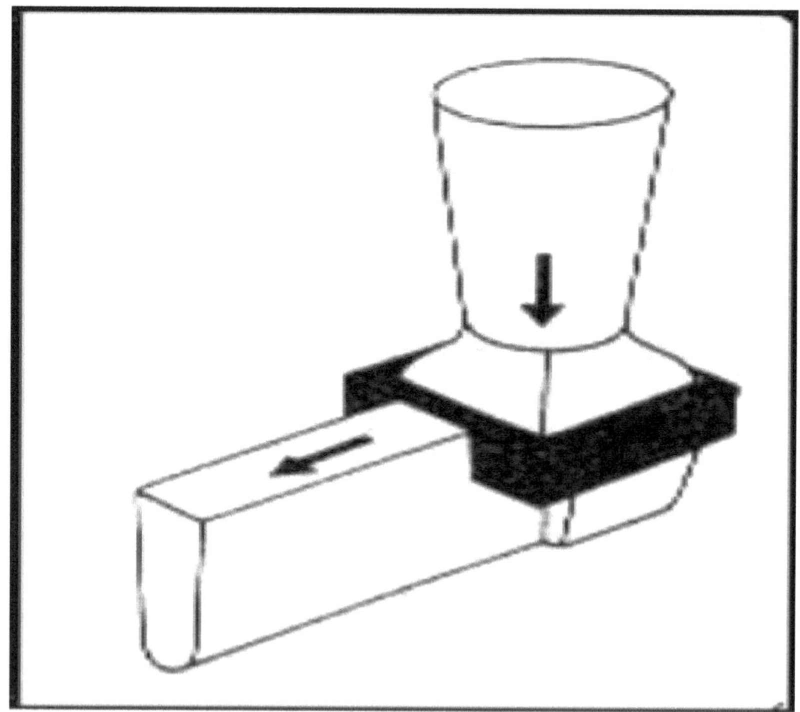

Fig. 4.1: Derrame direto sobre um filtro

Vazamento indireto - o filtro é colocado numa câmara especial no sistema de comportas, de modo a não ser carregado diretamente pela corrente de metal em queda. Dependendo da sua posição em relação à direção do fluxo de metal, os filtros podem ser colocados perpendicularmente à direção do fluxo -Fig. 4.2 a,b

Com o vazamento indireto, o sistema de comportas pode ser dotado de vários ramos com filtros separados.

Posição perpendicular à direção do fluxo -Fig. 4.2 a,b, O filtro é posicionado perpendicularmente à trajetória do metal. Ocorre um impacto dinâmico relativamente grande. O primeiro metal (ou seja, o mais frio) que flui em direção ao filtro deve passar através do filtro e não há qualquer possibilidade de o filtro ser pré-aquecido.

Vantagens:

- Impacto dinâmico relativamente grande do metal, o que, por um lado, é vantajoso do ponto de vista da escorva, enquanto, por outro lado, a probabilidade de rutura do filtro é maior
- Baixa procura de espaço

Desvantagens:

- O primeiro metal ("frio") deve passar pelo filtro
- O perigo do "congelamento" do metal
- As impurezas (em particular as grandes partículas de escória) não têm hipótese de subir à superfície - o perigo de entupimento do filtro

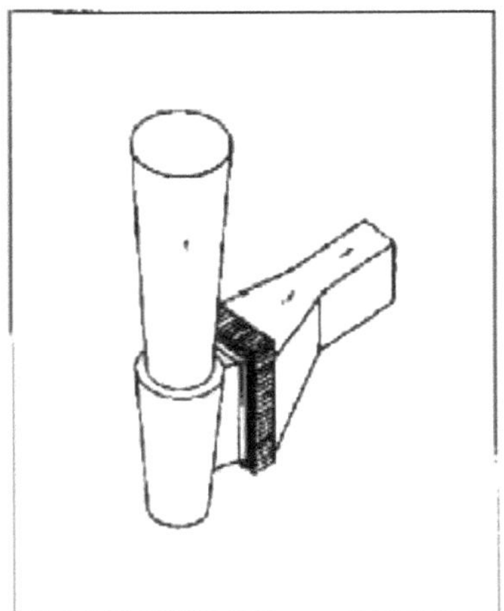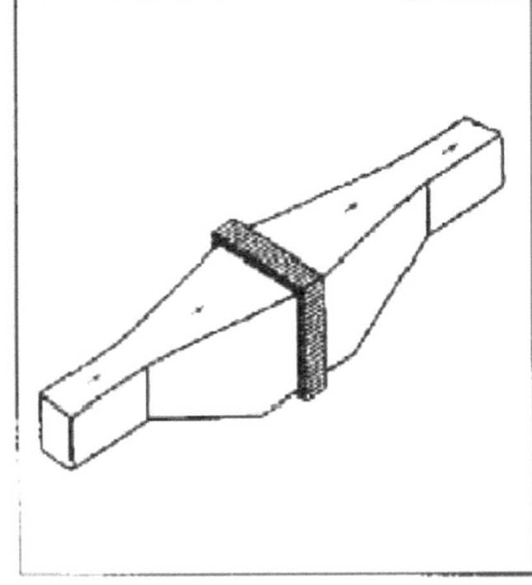

a) Posição vertical do filtro junto ao canal de distribuição b) Posição vertical do filtro no canal de distribuição

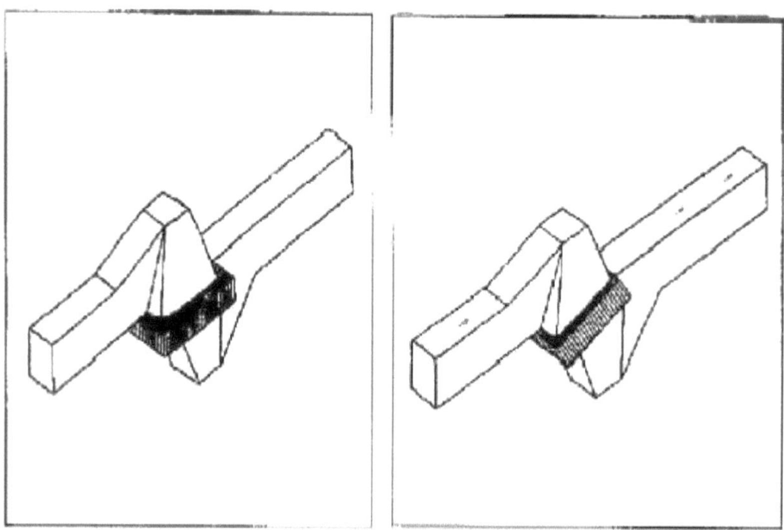

Fig 4.2 Posição do filtro

O filtro está normalmente situado na proximidade do jito, ou mais afastado no canal de distribuição. A posição adjacente ao jito é adequada do ponto de vista da escorva, mas a posição mais afastada do jito permite captar inclusões que só se formaram no sistema de canais.

O filtro é normalmente inserido no arrastamento, apenas a impressão superior do filtro está na cobertura. As impressões devem ser feitas ao longo de toda a circunferência. É absolutamente incorreto inserir o filtro sem a impressão superior. O espaço entre o filtro e o molde representa a secção transversal com uma resistência hidráulica muito inferior, através da qual pode fluir um volume considerável de metal não filtrado. Além disso, o perigo de rutura do filtro é maior. O filtro deve apoiar-se em toda a área de impressão. Por esta razão, é adequado ter padrões de câmara com o menor calado possível.

Posição do filtro no plano de escoamento - ver Fig. 4.2 c. O filtro é colocado em posição horizontal no arrastamento. Existe um reservatório metálico por cima do filtro. O reservatório é uma câmara localizada diretamente acima do filtro ou é colocado como um transbordo logo atrás do filtro. O primeiro metal (frio) não precisa de passar pelo filtro, pode ser capturado no reservatório. Ao mesmo tempo, o filtro é pré-aquecido, o que facilita o fluxo do metal que entra. No reservatório, podem ser capturadas grandes partículas de escória que poderiam causar entupimento do filtro. Do ponto de vista do pré-aquecimento, é suficiente que a altura do reservatório seja o dobro da espessura do filtro. O metal deve sempre fluir através do filtro de cima para baixo

Filtro inclinado - ver Fig. 4.2 d, esta é provavelmente a forma mais adequada de posicionar o filtro. Proporciona uma carga uniforme do filtro. Dirige favoravelmente o fluxo de metal e ajuda a fazer com que as grandes inclusões subam para a câmara acima do filtro.

4.2 Diretrizes para a conceção de um sistema de portas

As diretrizes propostas para a conceção de sistemas de portas

- O tamanho do jito fixa a taxa de fluxo. Por outras palavras, a quantidade de metal fundido que pode ser introduzida na cavidade do molde num determinado período de tempo é limitada pelo tamanho do jito.
- O jito deve estar localizado a uma certa distância dos portões, de modo a minimizar a velocidade do metal fundido nas entradas. Muitas vezes, o fluxo que sai da caixa de jitos é turbulento; um trajeto mais longo e um filtro permitem que o fluxo se torne mais laminar antes de chegar à primeira porta.
- O sprue de secção transversal retangular é melhor do que o circular com a mesma área de secção transversal, uma vez que a velocidade crítica para a turbulência é muito menor nas secções circulares. Além disso, a tendência para a formação de vórtices num jito com secção transversal circular é maior.
- O jito deve ser afunilado em cerca de 5%, no mínimo, para evitar a aspiração do ar e a queda livre do metal.
- Os ingates devem estar localizados em regiões espessas.
- Localizar as comportas de modo a minimizar a agitação e evitar a erosão do molde de areia pela corrente metálica. Isto pode ser conseguido orientando as comportas na direção dos caminhos naturais do fluxo.
- Frequentemente, é desejável a utilização de múltiplas juntas. Isto tem a vantagem de

permitir temperaturas de vazamento mais baixas, o que melhora a estrutura metalúrgica da peça fundida. Para além disso, a passagem múltipla ajuda a reduzir os gradientes de temperatura na peça fundida.

- As secções transversais rectangulares das corrediças e dos encaixes são geralmente preferidas na fundição em areia.

- As extensões do rotor (extremidades cegas) são utilizadas na maioria das peças fundidas para reter qualquer escória que possa ocorrer no fluxo de metal fundido.

- Um jito de alívio na extremidade do canal pode ser utilizado para reduzir a pressão durante o vazamento e também para observar o enchimento do molde.

4.3 Metodologia de otimização de design de portas

A metodologia global implementada para otimizar o sistema de comportas é apresentada na figura 4.3. Os dados necessários para a metodologia são as dimensões da peça fundida retangular, as propriedades do material e do molde, a altura inicial do molde. É também necessário especificar a composição do molde (no que respeita à percentagem de ligante, aditivo e sílica) e as propriedades do ligante, do carvão marinho, do ar e dos gases queimados. O segundo passo é definir a função objetivo, que consiste em maximizar a taxa de enchimento do metal fundido. Os constrangimentos para a otimização acima referida são especificados sob a forma de tempo de vazamento, módulo de injeção (em relação à secção ligada), erosão do molde, número de Reynolds e enchimento rápido. A formulação da função objetivo e as restrições acima mencionadas são descritas nas secções seguintes. Esta otimização é resolvida utilizando a técnica de Programação Quadrática Sequencial (SQP). O algoritmo e o código fonte são apresentados em apêndice. A solução é executada até à convergência para obter os valores optimizados da área da entrada e da velocidade do metal fundido na entrada. Para calcular as dimensões do canal de entrada e do canal de saída, utiliza-se um rácio de passagem adequado da referência [10].

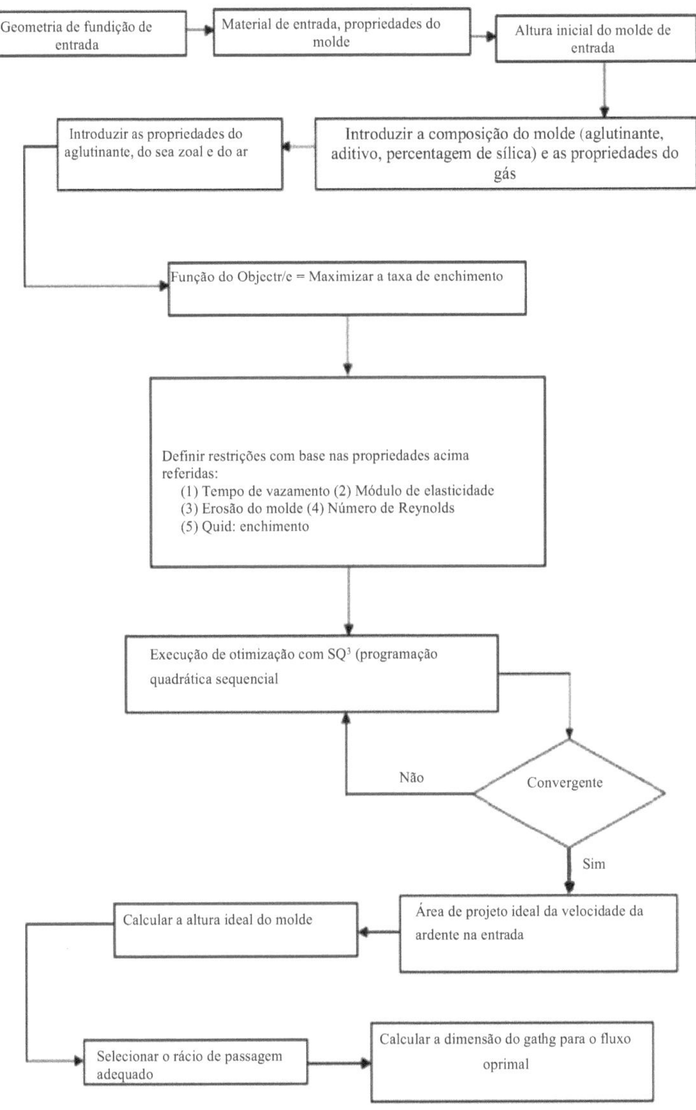

Fig. 4.3 Metodologia de otimização do design de portas

Corredor de distribuição e ingratos

Uma vez que as inclusões são capturadas por meio de um filtro, o canal atrás do filtro não funciona como um coletor de escórias, mas apenas como um canal de distribuição. É adequado se o sistema de passagem atrás do filtro for o mais curto possível. O canal de distribuição deve ser preenchido com metal durante o vazamento. Se o filtro for colocado verticalmente, a calha de distribuição está no arrastamento e as incrustações estão no seu nível superior - Fig. 4.3, ou a calha de distribuição atrás do filtro é conduzida para dentro do cope. Se for vantajoso, o sistema de comportas pode formar vários ramos com filtros separados. Em termos práticos, o canal de distribuição e mesmo o filtro são muitas vezes colocados na capa. No entanto, as secções transversais do corredor devem ser escolhidas de modo a que o espaço atrás do filtro seja completamente preenchido com metal.

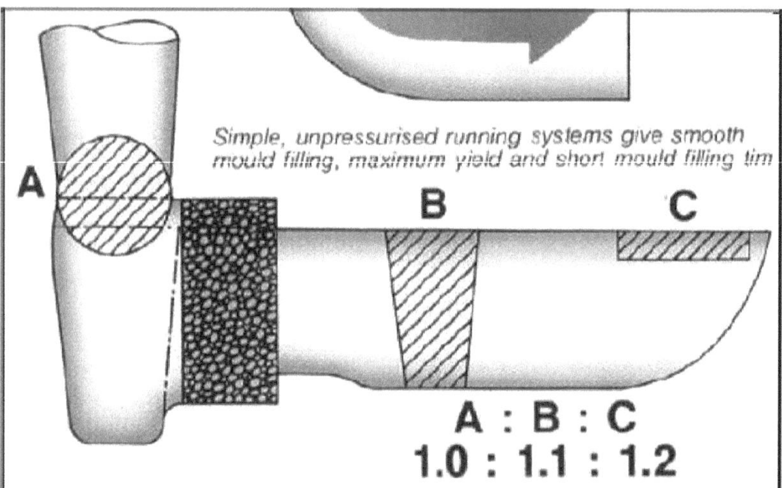

Fig. 4.4: Exemplo de conceção de um sistema de comportas com filtro colocado verticalmente

Existem principalmente três classes principais de defeitos de fundição relacionados com o enchimento do molde: enchimento incompleto, inclusões sólidas e aprisionamento de gases (Fig.4.4).

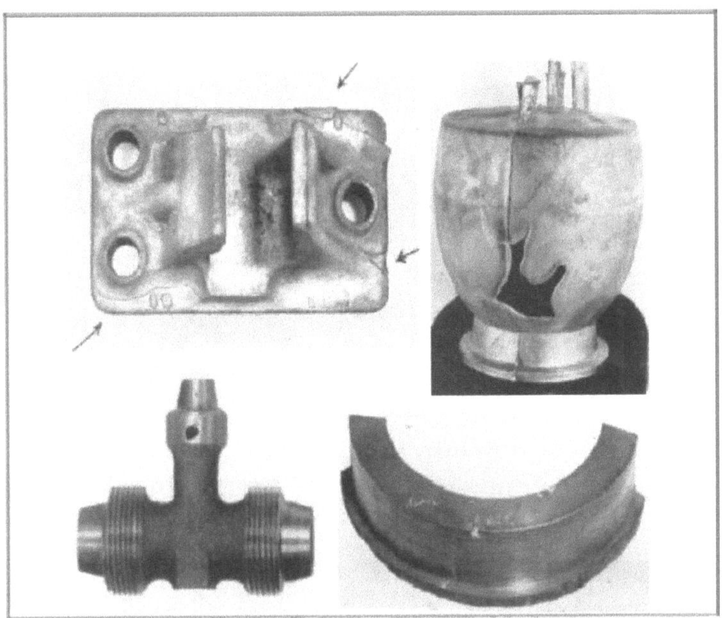

Fig.4.5: Defeitos relacionados com o enchimento. Em cima, à esquerda - fecho a frio, à direita - erro de execução.

Em baixo, à esquerda - buraco de sopro, à direita - inclusões de areia e escória.

Enchimento incompleto: Esta situação é causada principalmente pela fraca fluidez do metal fundido e manifesta-se sob a forma de um fecho a frio ou de uma má execução. Um fecho a frio ocorre quando duas correntes de metal fundido provenientes de direcções opostas se encontram, mas não se fundem completamente. Um misrun ocorre quando o metal fundido não preenche completamente uma secção da cavidade do molde (normalmente uma secção final longe do ponto de entrada). A presença de óxidos e impurezas superficiais na frente de avanço do metal líquido agrava estes defeitos.

Inclusões sólidas: Esta é causada principalmente pela turbulência no metal fundido e manifesta-se sob a forma de inclusões de areia ou inclusões de escória. As inclusões de areia são causadas principalmente pela turbulência a granel nos canais de passagem ou na cavidade do molde, que desaloja as partículas de areia da parede do molde. As inclusões de escória podem ser causadas por turbulência superficial em qualquer ponto do trajeto do metal fundido, levando à mistura das camadas superficiais de óxido com o resto do metal fundido.

Aprisionamento de gases: Esta classe de defeitos de fundição inclui o aprisionamento de ar e de gás, geralmente sob a forma de orifício de sopro e porosidade de gás, respetivamente. Ocorrem quando o ar ou o gás no interior da cavidade do molde não consegue sair através do molde. A principal fonte de gases inclui os gases dissolvidos no metal fundido, a vaporização da humidade da areia do molde e a combustão de ligantes no núcleo ou na areia do molde. A ocorrência destes defeitos aumenta quando a quantidade de ar aprisionado ou de gás gerado é elevada, o enchimento e a solidificação do metal fundido são rápidos e a ventilação do molde é deficiente.

4.4 SISTEMA E TIPOS DE GATING

A cavidade de um molde deve ser preenchida com metal limpo de forma controlada para assegurar um enchimento suave, uniforme e completo, para que a peça fundida esteja livre de descontinuidades, inclusões sólidas e vazios. Isto pode ser conseguido através de um sistema de canais bem concebido. O primeiro passo envolve a seleção do tipo de sistema de canais e a disposição dos canais de canais: a orientação e a posição do jito, do canal e da(s) entrada(s). A decisão de conceção mais crítica é o tempo de enchimento ideal, com base no qual são concebidos os canais de passagem.

O principal objetivo de um sistema de comportas é conduzir o metal fundido limpo derramado da panela para a cavidade de fundição, assegurando um enchimento suave, uniforme e completo. O metal limpo implica a prevenção da entrada de escórias e inclusões na cavidade do molde e a minimização da turbulência superficial. O enchimento suave implica a minimização da turbulência a granel. O enchimento uniforme implica que todas as partes da peça fundida sejam enchidas de forma controlada, normalmente ao mesmo tempo. O enchimento completo implica conduzir o metal fundido para as secções finas e finais com o mínimo de resistência.

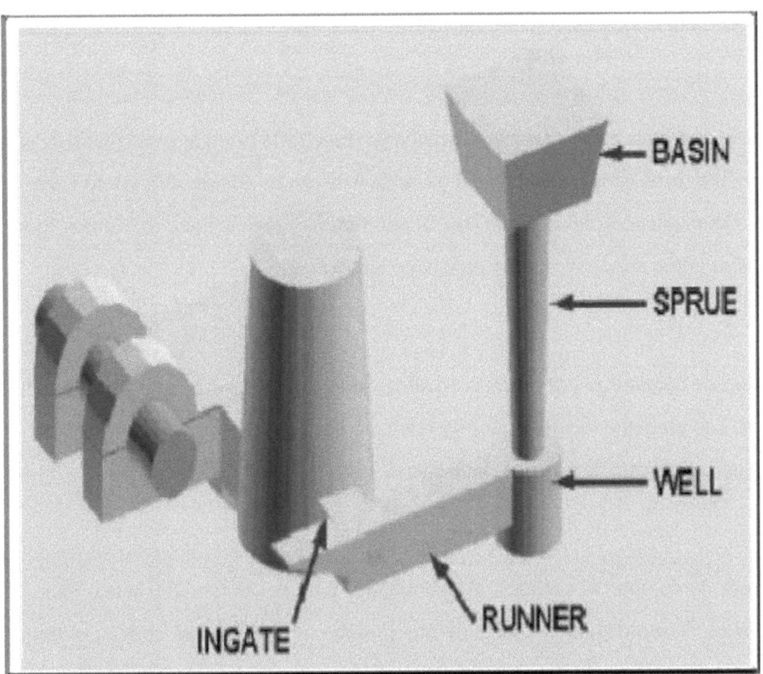

Fig.4.6: Elementos principais de um sistema de fecho

Os elementos principais de um sistema de canais incluem a bacia de vazamento, o jito, o poço, o canal e a entrada, na sequência do fluxo de metal fundido da panela para a cavidade do molde (Fig. 4.5). A bacia de vazamento, o casquilho ou o copo é uma bolsa circular ou retangular que recebe o metal fundido da panela. O canal de entrada ou canal descendente, geralmente de secção circular, conduz o metal fundido da bacia de vazamento para o poço do canal de entrada. O poço ou base do jito muda a direção do metal fundido em ângulo reto e envia-o para o canal. O canal leva o metal do jito para perto da peça fundida. Finalmente, a entrada conduz o metal para a cavidade do molde. Outro elemento importante é o filtro ou coletor de escórias, normalmente colocado no canal ou entre o canal e a entrada, destinado a filtrar as escórias e outras inclusões.

O jito é sempre vertical. O poço, o canal e a entrada estão normalmente localizados no plano de separação. Dependendo da orientação do plano de separação, os sistemas de canais podem ser classificados como sistemas de canais horizontais e verticais. Assim, nos sistemas de canais horizontais, o canal de entrada é perpendicular ao plano de corte, enquanto que nos sistemas de canais verticais, o canal de entrada é paralelo ao plano de corte.

Os sistemas de canais podem ser classificados em função da orientação do plano de separação (que contém o canal de entrada, o canal de saída e os canais de entrada), como horizontais ou verticais. Dependendo da posição da(s) entrada(s), os sistemas de canais podem ser classificados como superiores, de separação e inferiores.

Os sistemas de comportas horizontais são adequados para peças fundidas planas enchidas por gravidade. São amplamente utilizados na fundição em areia de metais ferrosos, bem como na fundição por gravidade de metais não ferrosos.

Os sistemas de comportas verticais são adequados para peças fundidas altas. São utilizados em processos de moldagem em areia de alta pressão, moldagem em concha e fundição sob pressão, em que o plano de separação é vertical.

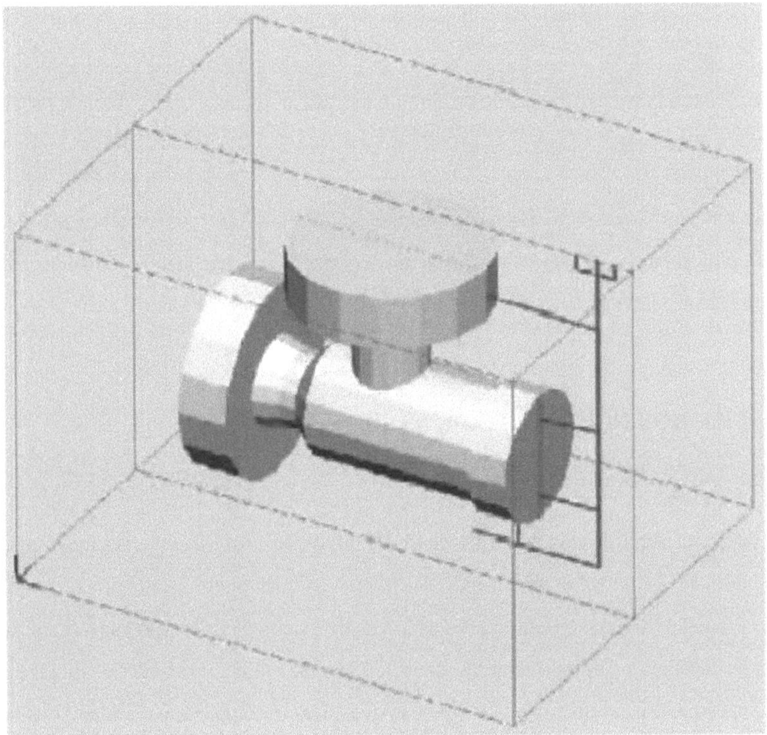

Fig- 4.7 Esquema de um sistema de comportas verticais com portas de entrada superiores,
laterais e inferiores

Os sistemas de topo, em que o metal fundido quente entra no topo da peça fundida, promovem a solidificação direcional de baixo para cima da peça fundida. Estes sistemas são, no entanto, adequados apenas para peças fundidas planas para limitar os danos no metal e no molde devido à queda livre do metal fundido durante o enchimento inicial.

Os sistemas de comportas inferiores têm as caraterísticas opostas: o metal entra na parte inferior da peça fundida e enche gradualmente o molde com o mínimo de perturbações. É recomendado para peças fundidas altas, onde a queda livre do metal fundido (a partir das portas superiores ou de separação) tem de ser evitada.

Os sistemas de canais intermédios ou laterais ou de separação combinam as caraterísticas dos sistemas de canais superiores e inferiores. Se os canais de passagem estiverem no plano de separação, são também mais fáceis de produzir e modificar, se necessário, durante os ensaios.

O sistema mais utilizado é o sistema de canais horizontais, com os entalhes no plano de separação. Nos sistemas de canais verticais, as incrustações podem ser posicionadas na parte superior, inferior e lateral.

4.5 ANÁLISE DO ENCHIMENTO DE MOLDES

O fluxo de metal fundido durante o processo de fundição é um acontecimento transitório, acompanhado de salpicos, fluxo através de secções e curvas em contração ou expansão, separação e junção de fluxos, fluxo contra as forças de viscosidade, tensão superficial, fricção e gravidade, aspiração e aprisionamento de ar, erosão do molde, oxidação do metal e início da solidificação. Concentrar-nos-emos em duas questões principais: a velocidade instantânea do metal e o tempo total de enchimento. Para facilitar a análise matemática do enchimento do molde, este é dividido em três fases - enchimento do canal de passagem, fluxo de metal fundido que incide na parede do molde e enchimento da cavidade do molde. Como veremos, a determinação da velocidade do metal fundido (incluindo a sua direção) torna-se gradualmente difícil à medida que passamos da primeira para a última fase.

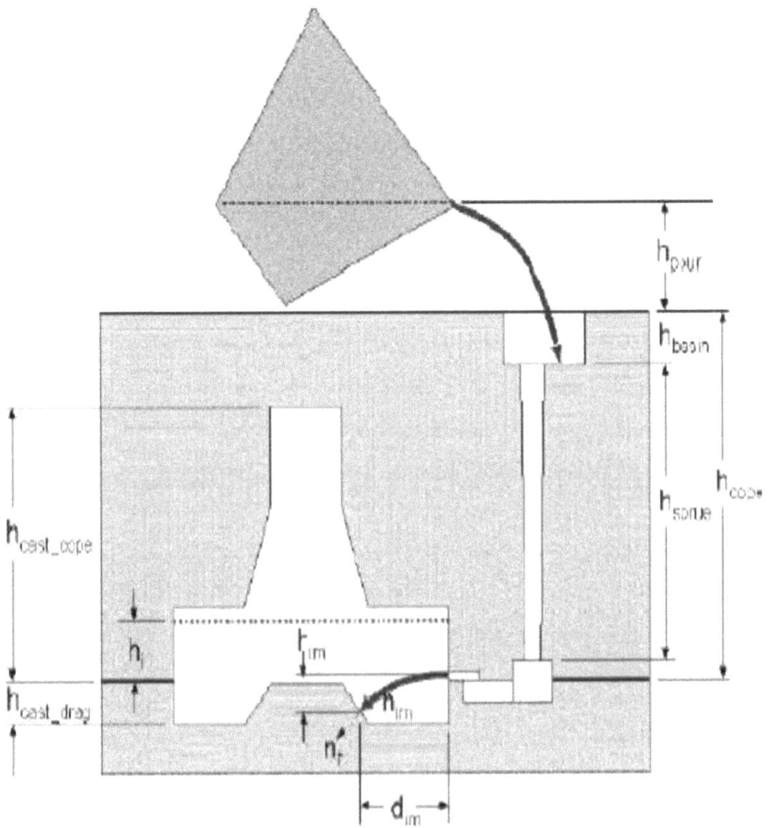

Fig.4.8: Parâmetros de seleção para análise de enchimento

4.6 DIFICULDADES RELACIONADAS COM AS APLICAÇÕES DE FILTROS

A aplicação de filtros implica certas alterações na conceção dos sistemas de comportas e, sobretudo, maiores exigências em termos de satisfação das condições tecnológicas de vazamento. As principais dificuldades são geralmente as seguintes:

- filtros bloqueados
- entupimento prematuro dos filtros
- descamação, fissuração e erosão dos filtros

Filtros bloqueados - este efeito é causado por:

- baixa temperatura de vazamento
- utilização de filtros demasiado densos
- baixa altura de vazamento
- posição inadequada do filtro sem possibilidade de o pré-aquecer (especialmente no caso do aço)
- porosidade não uniforme do filtro

A temperatura de vazamento deve ser verificada. O limite inferior da temperatura de vazamento é geralmente mais elevado do que seria se o vazamento fosse efectuado sem filtro. A temperatura mínima de pré-aquecimento acima da temperatura dos líquidos é determinada pela liquidez do metal, pela densidade do filtro e pela altura de vazamento.

A porosidade do filtro é escolhida em função da liquidez do metal e da taxa de entupimento do filtro. Os filtros com orifícios extremamente pequenos eliminam a escorva - o primeiro metal não passa de todo.

A altura de vazamento é dada pela altura do filtro sob a superfície do metal na bacia de vazamento. Se for utilizada uma concha com saída pelo fundo, a altura de vazamento é dada aproximadamente pela altura do nível do metal na concha, o que é normalmente suficiente. Uma pequena altura de vazamento não fornece pressão suficiente para a escorva do metal.

A posição **inadequada do filtro** no que respeita à escorva é a posição em que o metal muito frio chega ao filtro. Para ligas de alta temperatura de vazamento, é adequado pré-aquecer o filtro com a primeira entrada de metal

A porosidade não uniforme é um defeito de produção que ocorre apenas nos filtros de espuma. Este defeito é causado pela não uniformidade estrutural da espuma utilizada ou pelo desrespeito das condições tecnológicas de produção dos filtros. Neste caso, os filtros ou são muito finos (com uma pequena espessura de parede cerâmica e poros grandes) ou com uma estrutura cerâmica robusta com poros obstruídos e, consequentemente, bloqueados. No primeiro caso, existe o perigo de danos mecânicos e erosão e, no segundo caso, o metal não passa através do filtro, o filtro fica obstruído e o tempo de vazamento é significativamente prolongado. Na fundição, recomenda-se que a densidade dos filtros seja verificada através da sua pesagem. É adequado para determinar um peso ótimo do filtro e para rejeitar filtros fora dos limites permitidos.

O entupimento prematuro ocorre: durante a penetração de grandes partículas de escória (ou outras inclusões) em direção ao filtro se a contaminação de inclusões no metal for mais elevada do que o habitual se a temperatura de vazamento for baixa se for utilizado um filtro demasiado denso ou um filtro com poros obstruídos

A captura das inclusões **grosseiras** deve ser assegurada quer na concha de vazamento (neste caso, utiliza-se uma concha de saída inferior ou uma concha de bule de chá para o vazamento) quer na bacia de vazamento. As partículas grossas que não são capturadas bloqueiam frequentemente a passagem através do filtro. Se o derrame for efectuado com conchas inclinadas, recomenda-se a utilização de telas de derrame na bacia de derrame. O aumento da contaminação metálica pode dever-se a diferentes razões, por exemplo, um período de tempo muito curto entre o processamento metalúrgico e o vazamento, com algumas ligas (especialmente as ligas de alumínio) é uma refinação incorrecta. Nos ferros dúcteis hiper-eutécticos, a liquidez pode deteriorar-se significativamente devido à eliminação da grafite primária.

A densidade do filtro deve ser selecionada não só do ponto de vista da escorva, mas também do caudal. No caso de vazamento de uma massa fundida com um grande número de inclusões (por exemplo, vazamento de ferro fundido dúctil com um elevado teor inicial de enxofre), é possível atingir o caudal necessário aumentando a área do filtro ou escolhendo filtros menos densos (à custa de uma menor eficiência de filtração no início do vazamento).

Os danos na cerâmica filtrante - fissuração, flexão e erosão - são causados por

- Defeitos no processo de produção
- Utilização de um tipo de filtro inadequado, por exemplo, com refractariedade inferior a ⬚ Corresponde ao tipo de metal fundido, filtros muito finos, etc.

- Localização incorrecta do filtro no sistema de comportas

A má qualidade dos filtros entregues pode ser reconhecida até por um leigo, devido à cerâmica que se descasca, às arestas que se partem, à fraca resistência dos filtros, ao seu peso invulgar (demasiado leve ou demasiado pesado) e, por vezes, às dimensões manifestamente incorrectas. Estes filtros não devem ser utilizados.

O tipo de filtro deve corresponder ao tipo de metal. Isto aplica-se, em particular, aos metais com temperaturas de vazamento elevadas, em que a aplicação de filtros com refractariedade insuficiente resulta em fissuras ou erosão do filtro.

A erosão não é causada pela mera "dissolução" das temperaturas do filtro, mas pela interação química entre a cerâmica filtrante, as partículas de escória e o metal, e também pela ação de forças hidrodinâmicas.
As forças hidrodinâmicas que surgem no filtro são semelhantes às que danificam as palhetas da bomba e da turbina de água. À medida que o metal flui em torno dos perfis individuais do filtro, surgem turbulências e pressões que resultam no arrancamento das partículas de cerâmica e na erosão do filtro. Este fenómeno é designado por WAKE e o seu princípio é mostrado na Fig. 4.4. A origem das inclusões não metálicas que se encontram numa peça fundida não é causada por uma má eficiência de filtração, mas pela erosão do filtro. Não só as propriedades das cerâmicas filtrantes, mas também quaisquer formas e perfis de sistemas de comportas inadequados contribuem para a erosão.

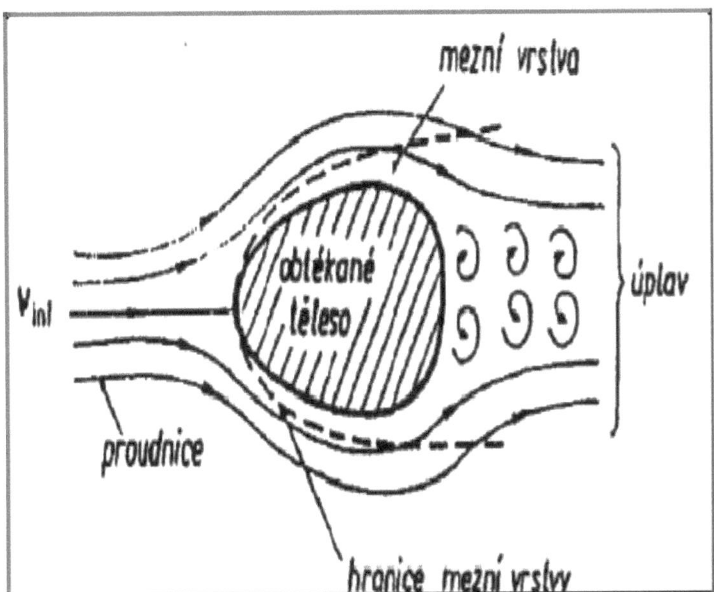

Fig. 4.9: Aspeto da esteira quando o metal está a passar pelo filtro

A espessura do filtro deve corresponder às dimensões da área de superfície. (A tensão mecânica dos filtros aumenta com a potência quadrada da dimensão.) Por conseguinte, a espessura dos filtros maiores deve ser superior à dos filtros pequenos. Os filtros muito finos dobrar-se-ão, fender-se-ão ou sofrerão erosão.

A inserção do filtro deve ser efectuada de modo a que o filtro seja apoiado nas impressões numa parte tão grande quanto possível da circunferência. O assentamento do filtro em apenas 3 lados da circunferência não é adequado porque, nesse caso, surgem tensões de flexão muito mais elevadas no filtro.

As temperaturas extremamente elevadas do metal e o derrame direto sobre o filtro são causas frequentes dos defeitos produzidos nas fundições.

Os filtros devem ser introduzidos no molde com muito cuidado, a fim de evitar a sua abrasão ou quebra. Deve haver uma folga adequada nas impressões. Para evitar o descolamento dos filtros de espuma durante o manuseamento, é frequentemente aplicado papel refratário na circunferência do filtro. Antes de colocar o filtro, é conveniente soprá-lo com ar comprimido.

CAPÍTULO-5

RESULTADOS E DISCUSSÃO

5.1 SOLUÇÃO DE DEFEITOS

Inclusão

* Não aquecer os frascos demasiado depressa
* Limpar a ferrugem e a sujidade dos frascos
* As partículas de poeira ficam presas na cavidade do invólucro
* A limpeza da parte superior da panela ou do forno antes do vazamento de metal também pode eliminar a oportunidade de introduzir material estranho na concha
* Se estiver a ocorrer um ciclo de queima dupla, sopre os moldes antes do pré-aquecimento. Pode também considerar cobrir o molde após a cozedura para evitar a entrada de material estranho na cavidade do molde.
* Eliminar todas as curvas acentuadas no sistema de sprue.
* Não utilizar fornos velhos e desintegrados.
* Tenha cuidado ao reciclar metal e certifique-se de que todo o metal reutilizado está limpo

5.1.1 Porosidade

Uma causa comum de porosidade na fundição é o ar preso durante o enchimento, devido ao facto de as passagens no molde, designadas por sprues, runners e risers, terem sido feitas de forma incorrecta. Os moldes podem ser enchidos mecanicamente ou à mão. Derreta a quantidade correta do metal correto. As impurezas, como a escória, encontram-se por vezes no metal fundido e provocam bolhas de gás. Aquecer o metal à temperatura correta

5.1.2 Inclusão

Foram estudadas medidas para reduzir as inclusões através da utilização desta técnica. Em primeiro lugar, foi estudado o efeito de um dreno de metal fundido que tem sido utilizado desde o início. O dreno de metal fundido é um método para conduzir o metal fundido nas fases iniciais do vazamento para o exterior do rotor. A Figura 5 analisa o dreno de metal fundido. As partículas de marcador que se pensava ficarem no dreno de metal fundido fluíram de volta para a peça do produto, contrariamente à função prevista. Como melhoria, foi estudada a adição das duas funções seguintes:

Um mecanismo para evitar que um espaço volte a conter inclusões

5.1.3 Escória

- Utilizar cargas metálicas limpas e/ou utilizar filtros no copo de enchimento.
- Melhorar a técnica de desalojamento e limitar a exposição do metal ao oxigénio durante o vazamento.

5.1.4 Superfície rugosa

- Verificar o termopar do forno, a temperatura máxima do forno.
- Verificar a temperatura do metal.
- Verificar a qualidade do metal de carga. Não utilizar mais de 50% de metal reciclado.

5.1.5 Fivelas e abaulamentos

- Melhorar a técnica de lavagem do molde, assegurando que o agente de libertação é removido do molde e que a lavagem do molde continua a ser eficaz.
- Utilizar um aglutinante primário de alta qualidade com boas caraterísticas de humidade que seja resistente à secagem. Os aglutinantes que contêm polímeros reduzem a propensão da sílica coloidal para se contrair e descamar à medida que seca.
- Temperatura de cozedura / vazamento mais baixa
- Remover o isolamento térmico.

REFERÊNCIAS

Workshop Tecnologia por Hajira e Chaudhary

Tecnologia de fundição por O.P. Khanna

Http://Web.Umr.Edu/~Foundry Www.Ebook.Com

Tese de Mestrado em Fabrico sobre "Otimização da conceção do sistema de comportas para fundição em areia", por Dolar Vaghasia, sob a orientação do Prof. B. Ravi.

B. Chokkalingam & S.S. Mohamed Nazirudeen, "Analysis of Casting DefectThrough Defect Diagnostic Study Approach", Journal of Engineering Annals of Faculty of Engineering Hunedoara, Vol. 2, pg no. 209-212, 2009

Inclusões e Defeitos Lifeng Zhang (Dr.), Brian G. Thomas (Prof.)140 Mech. Engr. Buldg.,1206 W. Green St.Univ. Of Illinois At Urbana- ChampaignUrbana, Il61801, U.S.A. Tel: 1-217-244-4656 Fax: 1-217-244-6534 Zhang25@Uiuc.Edu, Bgthomas@Uiuc.Edu

Parâmetro de Gating de Moldes Permanentes David Schwam John F. Wallace Tom Engle Qingming Chang Departamento de Ciência dos Materiais Case Western Reserve University Cleveland, Ohio Trabalho realizado sob contrato De

I want morebooks!

Buy your books fast and straightforward online - at one of world's fastest growing online book stores! Environmentally sound due to Print-on-Demand technologies.

Buy your books online at
www.morebooks.shop

Compre os seus livros mais rápido e diretamente na internet, em uma das livrarias on-line com o maior crescimento no mundo! Produção que protege o meio ambiente através das tecnologias de impressão sob demanda.

Compre os seus livros on-line em
www.morebooks.shop

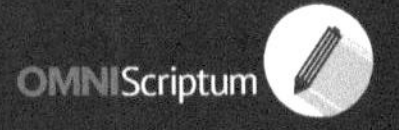

Printed by Books on Demand GmbH, Norderstedt / Germany